ジャングルのサバイバル①
(生き残り作戦)

かがくるBOOK

정글 에서 살아남기 1

Text & Illustrations Copyright © 2009 by Hong Jae-Cheol

Japanese translation Copyright © 2017 Asahi Shimbun Publications Inc.

All rights reserved.

Original Korean edition was published by Ludens Media Co., Ltd.

Japanese translation rights was arranged with Ludens Media Co., Ltd.

through VELDUP CO.,LTD.

ジャングルの
サバイバル ❶

文：洪在徹／絵：李泰虎

はじめに

「ワ〜、木ってあんなに高いの？」

　取材のため東南アジアのボルネオ島のジャングルを初めて訪れた時のことです。ボートに乗って川を下り、どこまでも広がったジャングルを目にした瞬間、驚きのあまり、あんぐりと口を開けてしまいました。都会の高層ビルよりも高くそびえる木々が、光が差し込む隙間もないほど、ぎっしりと立ち並んでいる姿は圧巻の一言でした。そして、その木々の1本1本に名前も知らないたくさんの生き物が生息しているのだと想像すると、自然は本当に神秘的で偉大だということを思わずにはいられませんでした。

　ジャングルはまさに生命の地と言えます。ジャングルの生い茂った森から生産される酸素の量は地球の大気全体の酸素の半分ほどを占めており、もしジャングルの木々が二酸化炭素を吸収してくれなかったら、地球の気温が高くなり続ける地球温暖化で環境が大きく変わり、人類は滅亡するかもしれないのです。それだけではなく、全世界の3000万種とも言われる生物のうち、半分以上がジャングルに生息しています。例えば、ボルネオ島の熱帯雨林では15000種類を超える植物が生い茂っていると言われます。

　また、ジャングルは未知の世界でもあります。人類がジャングルについて知らないことは、まだまだたくさんあり、ボルネオ島のジャングルには未だに人間が踏み入れていない場所もたくさん残っています。ジャングルという言葉自体も語源を遡ると、「開拓されていない地」を意味する古代インドの言葉の「ジャンガラ」から来ているそうです。色とりどりの美しい花や不思議な形の昆虫たち、そし

て空を飛べる蛇や高い木の上で生息するカエルなど、ジャングルでは私たちの想像を超えた生き物たちが共に生きています。

いざジャングルに足を踏み入れた時、最初に感じたのは恐怖でした。周りを鬱蒼とした木々で囲まれているため、自分がどっちに向かって進んでいるかも分からない上、恐ろしい毒ヘビや猛獣にいきなり襲われてもおかしくない場所なので、ジャングルを1人でサバイバルするのは、ほぼ不可能に近いのではないかと思ったほどです。

主人公チウとアラ、そしてジャングルの村で知り合った少女セリマは、思いがけない事故により、こんなにも神秘的で危険なジャングルでサバイバルしなければならない状況に陥りました。彼らにはどんな冒険が待ち受けているのでしょうか？　また、彼らはどのように数々の危険を乗り越えてサバイバルに成功するのでしょうか？

みなさんも一緒にジャングルの神秘を楽しんでください！

洪在徹、李泰虎

目次

第1章　アジアの肺　10

第2章　女戦士セリマ　38

第3章　突然変異した虫たち!?　66

第4章　ジャングルの毒虫　88

第5章 暗闇の中の足音 108

第6章 ウンピョウの襲撃 132

第7章 巨大になったチョウ 152

第8章 ウンピョウの死骸 168

登場人物

チウ

アラと、アラのお父さんである博士と一緒に訪れたボルネオ・ジャングルで竜巻にあう。その事故でケガをして破傷風にかかった博士のため、アラとセリマと共に医者のいる村を目指す。イタズラ好きで大げさなところもあるが、冒険を恐れない度胸と、友だち思いのやさしい性格の持ち主。

サバイバル武器 スリングショット、木刀。
弱点 ビッグマウスで、周りの人を怒らせる特技（？）がある。
強み 疲れを知らない体力と危機に対処する優れた能力。

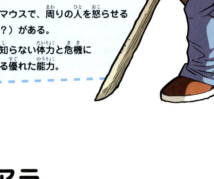

アラ

お父さんについてボランティア活動のためボルネオ・ジャングルを訪れる。お父さんを助けたい一心で、チウやセリマと一緒に危険なジャングルの旅に出る。怖がりだが、必要な場面では勇気を出す芯の強い少女。

サバイバル武器 スリングショット。
弱点 怖がりで小心者。
強み ジャングルに関する科学知識が豊富。

セリマ

ボルネオのジャングルに住む部族の女戦士。
ジャングルの異常現象を調べに行ったまま
戻らない兄を探しに、チウとアラと一緒に
ジャングルの探検に出る。

サバイバル武器 竹槍。
弱点 なし。
強み 完璧なジャングルのサバイバル術。

村長（そんちょう）

ボルネオ・ジャングル原住民の部族の長で、
竜巻にあったチウたちを助けてくれる。
ジャングルに向かうチウたちのため、
必要な装備と食糧を
用意して持たせてくれた。

博士（はかせ）

国境なき医師団の一員として
ボルネオ・ジャングルの原住民のために
ボランティア活動に訪れるが、竜巻によって
ケガをして、破傷風にかかってしまう。

10

第1章
アジアの肺

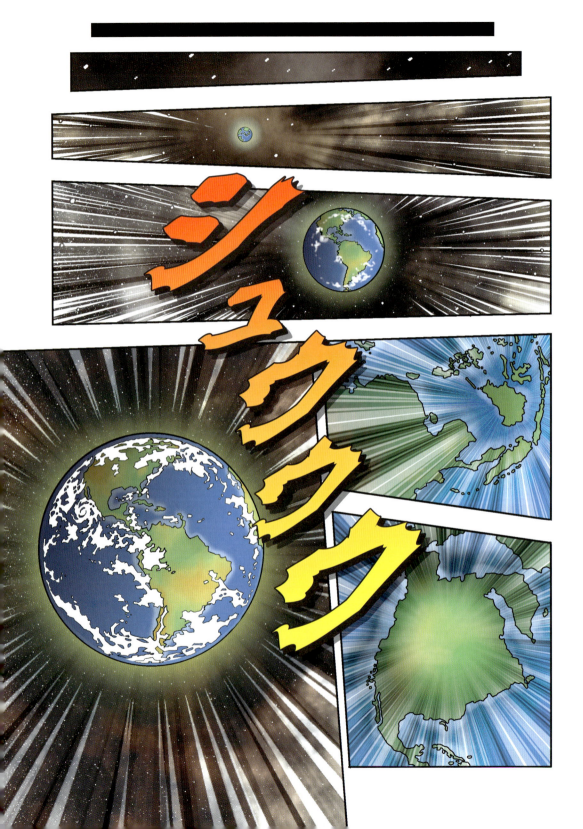

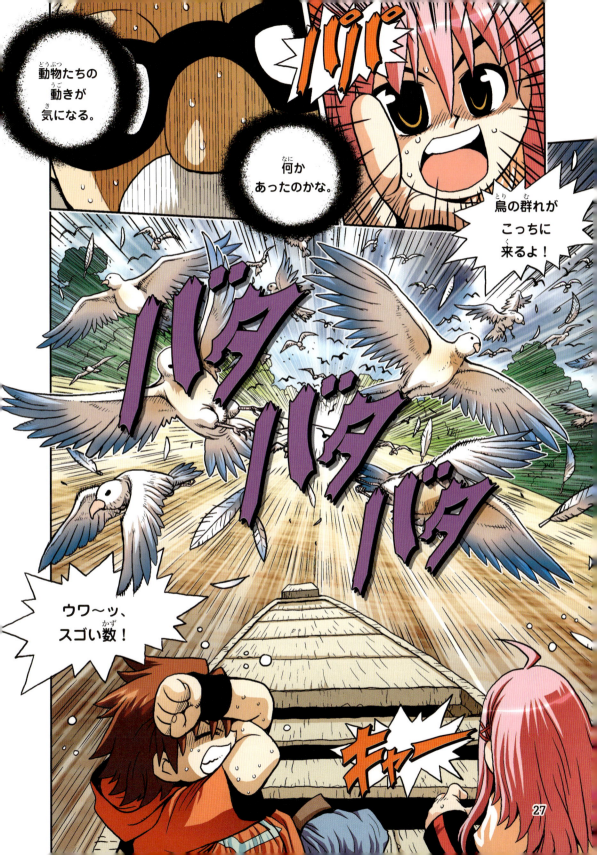

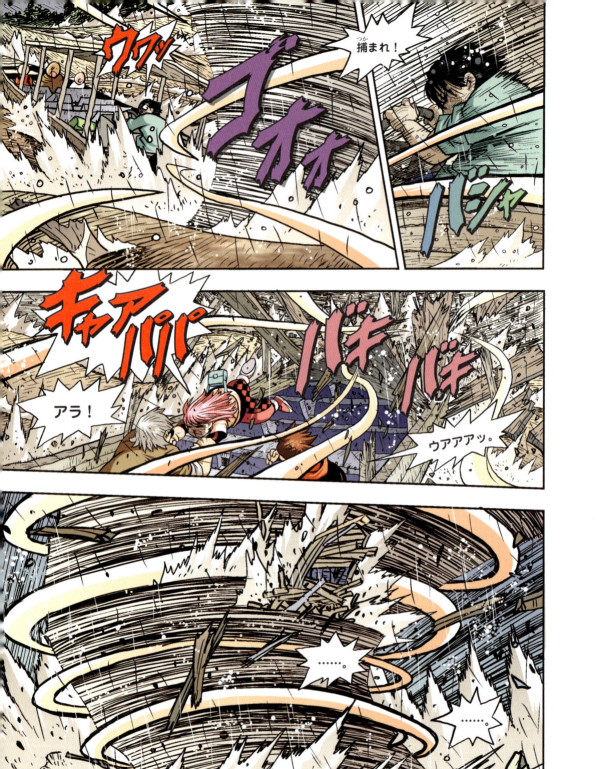

サバイバル生態系の常識

地球の肺、ジャングル

　ジャングルとは赤道周辺にある年間降雨量が2000mm以上の熱帯林（背が高く、葉が広い常緑樹で構成された森）を指す言葉です。熱帯雨林や熱帯多雨林とも呼ばれます。東南アジアのマレー半島、ボルネオ島、南米のアマゾン盆地、アフリカのコンゴ盆地、オセアニアのニューギニアなどが代表的なジャングル地域です。ジャングルが地球の全体面積で占める比率は6％に過ぎませんが、ジャングルは地球の生態系を維持する上で重要な役割を担っています。しかし今日、開発の名の下に無秩序な伐採が続いたため、ジャングルはだんだん減少しつつあり、地球の生態系は大きな脅威に直面しています。

ジャングルの機能

環境的機能　ジャングルの鬱蒼とした樹木が生産する酸素の量は、地球の大気全体の酸素の半分近くを占めています。また、ジャングルが噴き出す莫大な量の水蒸気は雲がないとしたら凄まじい熱気が地上を覆っていたことでしょう。

生態学的機能　全世界3000万種と言われる生物種のうち約50％以上がジャングルに生息していると言われています。

全世界ジャングルの分布

希少動植物の生息地、ボルネオ島

　ボルネオ島はグリーンランド、ニューギニアに次いで世界で3番目に大きな島で、面積は725500km²、人口は約1750万人です。東南アジアのマレー半島の南東に位置していて、南シナ海、スールー海、ジャワ海などに囲まれています。北部はマレーシアとブルネイ、南部はインドネシアに属しています。もっとも高い山はマレーシア地域北部のサバ州にあるキナバル山で標高4095m、もっとも長い川はインドネシアのカプアス川で約1143kmです。

　島全体に船で移動できる川が流れていて、ほとんどの経済活動は川を中心になされています。赤道が島の中央部を通っているため気候がとても暑く湿度も高いのです。年中気温の差が0.8度しかなく、降水量は年平均4000mm（日本は約1700mm）もあります。おかげで島の大部分が密林でできており、様々な希少動植物が生息しています。ボルネオ島の北部内陸は今でも世界で最も調査されていない地域として残っています。

ボルネオ島の全図

38

第2章
女戦士セリマ

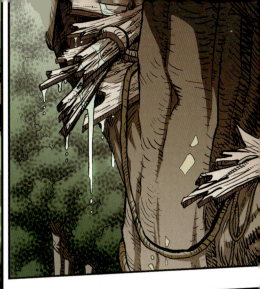

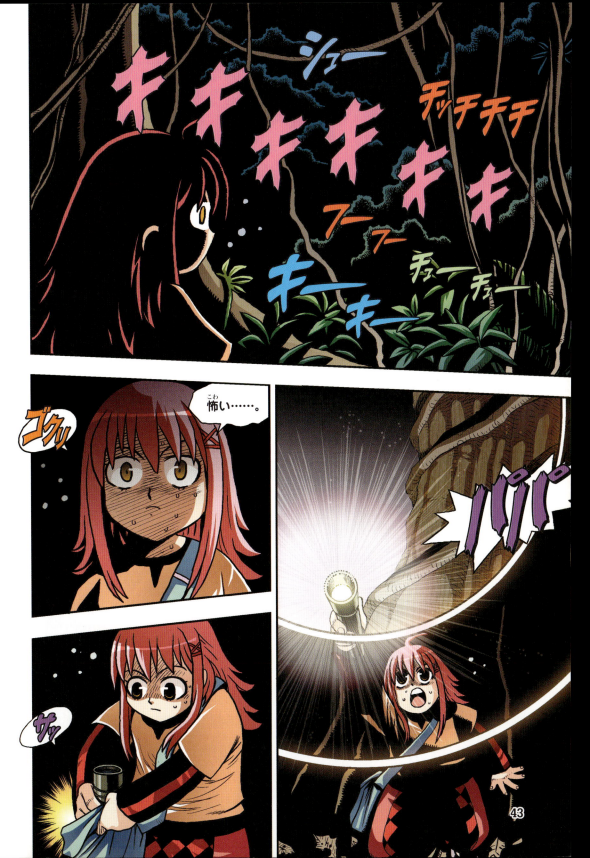

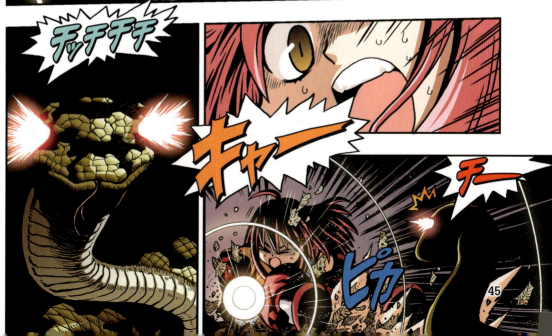

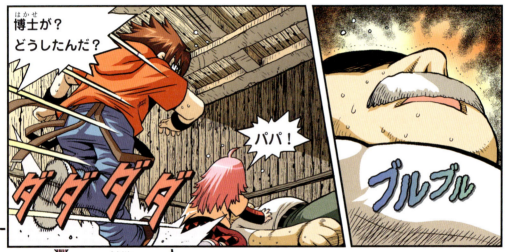

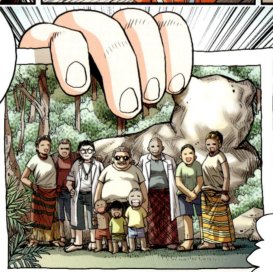

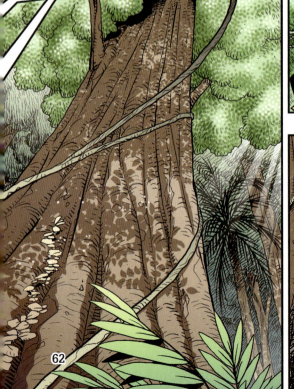

サバイバル生態系の常識

恐ろしい風、竜巻（トルネード）

2004年アメリカのイリノイ州を襲ったトルネードの様子。

竜巻とは直径は小さいけれどとても速く回転して渦巻を発生する猛烈な風のことを言います。一般的に風は水平に発達するのに対して、竜巻は垂直に発達するのが特徴です。竜巻の直径は数10〜数100mで、時速は普通30kmから100kmのスピードで動きます。また、中心部の風速は秒速100mを超えるほどと推定されています。これは普通の台風の数倍にあたる威力で、木や車のように重い物体を空中に持ち上げ、列車や飛行機まで動かすほど強力です。

一般的に竜巻は午後、激しい雷雨（雷を伴った雨）とともに発生します。とくにアメリカ中南部で頻繁に発生し、ヨーロッパの一部地域や日本、中国、オーストラリアなどでも見られます。竜巻が発生する条件はまだ明らかではないのですが、台風や前線（性質の異なる2つの大気が合流する地点）が移動する時、急激な温度差などにより大気が不安定な時に発生しやすいものとして知られています。

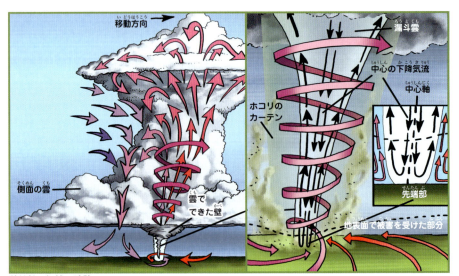

積乱雲と竜巻の構造

64

ジャングルでかかりやすい病気

　ジャングルは私たちが住んでいる場所とは環境がまったく違うため、様々な病気にかかる可能性があります。とくにジャングルに多い昆虫は病気を引き起こす様々な細菌やウイルス、寄生虫を運びます。そのため、被害を最小化するためには常に長ズボンに長袖の服を身につけて肌が露出することを防ぎ、香水はつけず、少なくとも1週間に1回は体や髪を洗って匂わないようにすることが大事です。もし、仕方なくジャングルで夜を過ごす場合は、生姜、ヤシの実の皮などを燃やして煙を出すと蚊などの虫よけに役立ちます。以下にジャングルをはじめ熱帯地方でかかりやすい代表的な病気をまとめました。

病名	感染経路	症状
マラリア	蚊によって媒介される マラリア原虫	悪寒、頭痛、嘔吐などの症状が繰り返され、体温が40度近くに急激に上がり、汗がたくさん出る。治療を受けない場合の死亡率は10％、治療をしても0.4〜4％の患者が死亡する。潜伏期間は約14日だが1年後に発症する場合もある。
黄熱病	蚊によって媒介される 黄熱ウイルス	初期は発熱、筋肉痛、悪寒、頭痛、嘔吐などの症状。3〜4日経つと症状が軽くなるが、患者の15％は重症化し腹痛、嘔吐、黄疸などの症状が現れ、重症化した患者の死亡率は20〜50％にのぼる。潜伏期間は3〜6日。
デング熱	蚊によって媒介される デングウイルス	急な高熱と頭痛、筋肉痛、食欲不振、皮膚の発疹などの症状。出血による血圧の低下や腹水が溜まりデングショック症候群と呼ばれる症状を起こすこともある。
リーシュマニア症	サシチョウバエに媒介される 原虫リーシュマニア	原虫の種類によって、皮膚リーシュマニア症、内臓リーシュマニア症、粘膜皮膚リーシュマニア症の3つの症状がある。特に内臓リーシュマニア症は危険で、放っておくと数週間〜数年で死に至る。

第3章
突然変異した虫たち!?

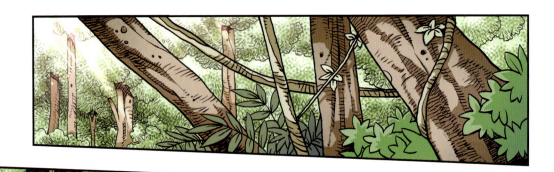

木々が密集していて通れないな。

……

ジャングルナイフを貸して。

どいて。僕がやるから。

パッ

……

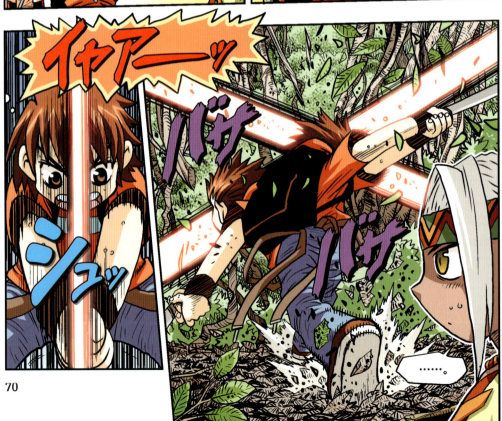

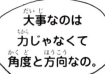

*1 乾期：気候が乾燥している時期。

*2 雨期：雨がたくさん降る時期。

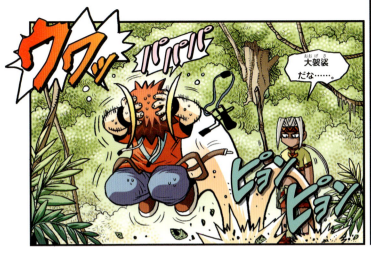

サバイバル生態系の常識

歩く棒　ナナフシ

　竹のように細く長い胴体と足を持つ昆虫で、細い棒と似ている姿から英語では「stick insect（小枝虫）」または「walking stick（歩く小枝）」と呼ばれます。カムフラージュが得意で、緑色や茶色の体を木の枝や木の葉の間に隠されると、発見することは至難の技です。中には悪臭を放ち、目が痛くなるような刺激物質を出すものもいます。

　全世界に約3000種以上が生息しており、そのほとんどは熱帯地方で発見されています。熱帯地方に生息するナナフシの中には木の葉の形、あるいは苔の形にカムフラージュする種もいます。ナナフシの大きな特徴としては左右に揺れる独特な動きがあります。こうすることで、ナナフシを風になびく植物のように見せています。ナナフシは世界で最も長い昆虫という記録を持っています。発見した人の名前をとって「チャンズ・メガスティック」と名付けられたこのナナフシはボルネオ島で発見されたのですが、長さがなんと56.7cmもあります。

セラテイペスオオナナフシ
生息地　マレーシア、ボルネオ、スマトラなど
体長　最大で55.5cm

88

第4章
ジャングルの毒虫

サバイバル生態系の常識

ジャングルの白人　テングザル

ボルネオ島に生息するオナガザル科に分類される猿です。川辺付近のマングローブ林などで20〜30頭ほどが群れをなして生活しています。オスは鼻が下に10cmも垂れ下がっていて、物を食べる時は手で長い鼻をよけるほどです。それに比べて、メスと子どもは鼻が短くとんがって前に出ています。

長い鼻の役割については「大きい声を出すため」、「体温調整に役立つため」と諸説あります。主食はマングローブの葉で、動物性のものは食べません。テングザルは腹が大きく膨れるほど大きな胃を持っていて、その胃の中に食物繊維の有毒成分を分解する菌を持っています。昼行性ですが昼間にはあまり活動をしないで休むことが多く、日の出前の2時間と日没前の3時間前後に活動をします。長い鼻と明るい色の毛のおかげで、原住民からは「ジャングルの白人」と呼ばれています。

テングザル
生息地　ボルネオ島のマングローブ林など
体長　61〜76cm
尻尾の長さ　55〜67cm
体重　10〜22kg

休息をとるテングザルの群れ。

106

根っこで呼吸するマングローブ

マングローブは熱帯や亜熱帯の海辺、または河口の湿地で生育する木です。熱帯地方でよく見られ、海岸の4分の3がマングローブ林で出来ているほどです。

北緯25度から南緯25度の間に分布し、塩気が少しある河口、海水が混じる場所、海水が蒸発して塩の濃度が2倍ある場所など、多様な環境で生育しています。

マングローブというのは、実は海水と真水が混ざり合う汽水域にある森林の事を指し、1つの種類の木を指した言葉ではありません。ただし、ヒルギ科に属する特定の木をマングローブと呼ぶことがあります。

マングローブは水辺に生育し、潮の干満に従って水に浸かるため幹と根の一部が空気中にむき出しになって呼吸をする呼吸根が発達しているのが特徴です。通常はなった実が落ちて海水により運ばれて繁殖しますが、種によっては木の上で芽を出し数10cm〜1mほど育ってから落とす方法をとり、それを「胎生植物」と言います。

幹が水に浸かっているマングローブの木。

108

第５章
暗闇の中の足音

大きな木は根っこから1日に数100ℓの水を吸収するけど自分のために使う量はごくわずかなの。ほとんどの水は葉の裏側にある小さい穴（気孔）から水蒸気として放出されてるのよ。それを蒸散作用と呼ぶわ。

気孔

ジャングルで蒸散作用が1番よく分かる時が朝ね。まるで霧がかかったみたいになるの。

水蒸気はまた雨になって地面に降る。だから、水は循環し続けるの。

結局……ジャングルには毎日雨が降るということか。

ヒ〜ン、雨は嫌だな〜。

もうすぐ日が落ちそうね。今日はこの辺りで休もう。

セリマ、私たちのため？まだ歩けるよ。

違う。

何の準備もなく夜を迎えるのは最悪だからね。

ゼラニウム：多年草のハーブの一種。

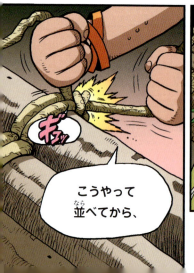

サバイバル生態系の常識

蒸散作用とは？

　葉の裏面には空気が通る穴である気孔があります。開いた気孔の面積は全部よせ集めても葉の裏側の面積の5、6％しかありません。蒸散作用とは気孔を通して水が空気中に蒸発する現象のことです。植物の葉の細胞の中にある葉緑体という器官で、光エネルギーと二酸化炭素、水から栄養分を作り出す光合成が行われます。そのため葉はいつも新たに水を必要とします。蒸散作用は不要になった水を空気中に出すことで下から新しい水を引っ張り上げ、葉に伝える役割をします。

　蒸散作用が行われると、失われた水分を補うため、根から吸収した水と養分が幹と葉脈を通って葉に伝えられます。つまり蒸散作用は地下水を引き上げるポンプのような役割をするのです。また水が蒸発する時、植物の熱も一緒に奪われるため暑い気候に植物が耐えられるよう助ける役割もあります。蒸散作用は気温が高く、光が強い環境で活発に行われます。

蒸散作用と孔辺細胞

　孔辺細胞は植物の気孔を唇のような形で包む細胞で、気孔を開けたり閉じたりして蒸散作用を調整します。孔辺細胞が水分を吸収すると外側に膨らんで気孔が開き、孔辺細胞から水分が抜けると元の形に戻って気孔が閉じることになります。

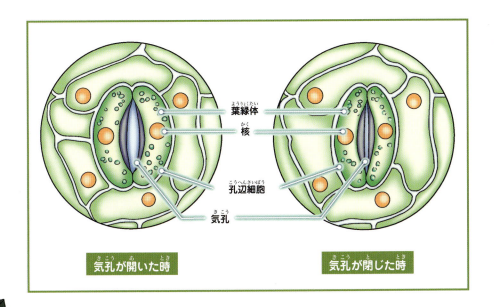

132

第6章
ウンピョウの襲撃

サバイバル生態系の常識

ジャングルの王者、ボルネオウンピョウ

　ボルネオウンピョウはボルネオ島で最も大きい肉食動物です。インドネシア第2の島であるスマトラ島ではトラの次に大きく、ジャングルの食物連鎖の頂点に君臨しています。主に猿、小さい鹿、鳥などが狩りの対象です。発見当時はこれまでに見つかっているウンピョウと同一の種と推定されましたが、2000年代に入り遺伝子分析をしたところ新種であることが判明しました。

　外見は他のウンピョウに比べ雲のようなまだら模様が小さく、色も濃いのが特徴です。夜行性で脚が短く、頭部が長く、他のネコ科の動物とは違い、上の犬歯が長く発達しています。全長が1mを超える大型のネコ科動物として休む時に前足と尻尾を伸ばす習性はトラやライオンと同じですが、同じように咆哮はしません。色は黄土色、濃い灰色など様々ですが、どの色であっても雲のような斑点があります。開発が進みジャングルが破壊され、密猟が横行し、残念なことにその数はだんだん減少しているのが現状です。

ボルネオウンピョウ
生息地　ボルネオ、スマトラの森林
体長　62〜107cm
体重　16〜23kg

ヒョウvsトラ

　ヒョウとトラはネコ科の代表的な肉食動物で、単独生活をしていて狩りをするという共通点があります。100年ほど前までヒョウやトラはたくさんいました。しかし、その美しい模様の毛皮目当てや、家畜を食べられてしまう恐れから人間に捕獲されたり、自然の破壊により生息地が減っていったりしていて、今や絶滅の危機に瀕しています。ヒョウとトラの特徴を見てみましょう。

	ヒョウ	トラ
外見		
分類	食肉目ネコ科	食肉目ネコ科
体長	1～1.8m（種によってはより小さい場合もある）	2.4～3.3m
尻尾の長さ	60～110cm	60～110cm
体重	30～90kg	80～310kg
寿命	12～17年	野生約15年、飼育20～26年
生息地	サバンナや熱帯雨林、半砂漠など	熱帯雨林や森林、マングローブの湿地など
主食	哺乳類、鳥類、魚類、爬虫類など	主に哺乳類
狩りの方法	素早く襲って倒す	隠れていたり、静かに近付き足で首もとを押さえて首にかぶりつく

152

サバイバル生態系の常識

アカエリトリバネアゲハ

　アカエリトリバネアゲハは黒と緑が独特の模様を織り成す蝶で、果物の果汁と花の蜜を吸って生きています。オスとメスの羽の模様が異なるのが特徴的です。オスは黒い羽に葉の形をした模様が7つあり、メスは茶色の羽に白い模様が入っています。

　ボルネオ・ジャングルの水たまりではアカエリトリバネアゲハ数10羽が群れをなして水を飲む場面が見られますが、これは羽化したオスの蝶が活動するためにはミネラル入りの水を飲む必要があるからです。ミネラルを吸収した後、残った水は腹部の穴から排出します。メスは前足で化学物質を感知し、幼虫が食べやすい植物を選び、その上に数10個の小さく白い卵を産みます。幼虫は孵化したのち、たくさん葉を食べて成長し、サナギを経て美しいチョウになります。

©R.S Uma pathy

アカエリトリバネアゲハのオス
生息地　ボルネオ、スマトラの森林
羽の幅　15〜17cm

168

第8章
ウンピョウの死骸

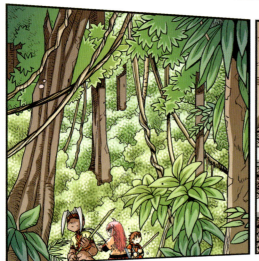

作家後記

コタキナバルのジャングルに行く

コタキナバル　山の入り口に設置されたキャノピーウォーク（Canopy walkway）で空中散歩を楽しむ漫画家の李泰虎先生。高いところは地上から30mもあって、ヒヤヒヤします。

夕暮れのホタル・ツアーを待ちながら　船着場で作家の洪在徹先生、李泰虎先生。木に止まっているホタルが1度に光ると真夏のクリスマスツリーのように幻想的です。蚊に刺されないよう長袖を着て蚊除けを浴びるように使いましたが、あまり役に立ちませんでした。

ジャングルのサバイバル 1
冒険の始まり

2017年 4月30日　第 1 刷発行
2022年 3月20日　第10刷発行

著　者　文　洪在徹／絵　李泰虎
発行者　橋田真琴
発行所　朝日新聞出版
　　　　〒104-8011
　　　　東京都中央区築地5-3-2
　　　　編集　生活・文化編集部
　　　　電話　03-5541-8833（編集）
　　　　　　　03-5540-7793（販売）

印刷所　株式会社リーブルテック
ISBN978-4-02-331590-7
定価はカバーに表示してあります

落丁・乱丁の場合は弊社業務部（03-5540-7800）へ
ご連絡ください。送料弊社負担にてお取り替えいたします。

Translation：Lee Sora
Japanese Edition Producer：Satoshi Ikeda

サバイバル
公式サイトも
見に来てね！

楽しい動画もあるよ
科学漫画サバイバル　検索

読者のみんなとの交流の場、「ファンクラブ通信」が誕生したよ！クイズに答えたり、似顔絵などの投稿コーナーに応募したりして、楽しんでね。「ファンクラブ通信」は、サバイバルシリーズ、対決シリーズの新刊に、はさんであるよ。書店で本を買ったときに、探してみてね！

おたよりコーナー 1
ジオ編集長からの挑戦状

を作ろう！

みんなが読んでみたい、サバイバルのテーマとその内容を教えてね。もしかしたら、次回作に採用されるかも!?

例 何が原因で、ジオたちが小さくなってしまい、知らぬ間に冷蔵庫の中に入れられてしまう。無事に出られるのか!?（9歳・女子）

おたよりコーナー 2
キミのイチオシは、どの本!?

サバイバル、応援メッセージ

キミが好きなサバイバル1冊と、その理由を教えてね。みんなからのアツ～い応援メッセージ、待ってるよ～！

例 鳥のサバイバル
ジオとピピの関係性が、コミカルですごく好きです!! サバイバルシリーズは、鳥や人体など、いろいろな知識がついてすごくうれしいです。（10歳・男子）

おたよりコーナー 3
ピピが審査員長！ であそぼ

お題となるマンガの1コマ目を見て、2コマ目を考えてみてね。みんなのギャグセンスが試されるゾ！

例 お題   地下だったはずが、なぜか空の上!?

井戸に落ちたジオ。なんとかはい出た先は!?

おたよりコーナー 4
ケイ館長の サバイバル美術館

みんなが描いた似顔絵を、ケイが選んで美術館で紹介するよ。

例

上手い！

みんなからのおたより、大募集！

❶コーナー名とその内容
❷郵便番号
❸住所
❹名前
❺学年と年齢
❻電話番号
❼掲載時のペンネーム（本名でも可）

を書いて、右記の宛て先に送ってね。掲載された人には、サバイバル特製グッズをプレゼント！

●郵送の場合
〒104-8011　朝日新聞出版　生活・文化編集部
サバイバルシリーズ　ファンクラブ通信係

●メールの場合
junior@asahi.com
件名に「サバイバルシリーズ　ファンクラブ通信」と書いてね。
※応募作品はお返ししません。※お便りの内容は一部、編集部で改稿している場合がございます。

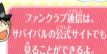

ファンクラブ通信は、サバイバルの公式サイトでも見ることができるよ。

本の感想や知ったことを書いておこう。